SITZUNGSBERICHTE DER SÄCHSISCHEN AKADEMIE
DER WISSENSCHAFTEN ZU LEIPZIG

Mathematisch-naturwissenschaftliche Klasse
Band 114 · Heft 3

OTT-HEINRICH KELLER

ANSCHAULICHKEIT UND ELEGANZ BEIM ALEXANDERSCHEN DUALITÄTSSATZ

AKADEMIE-VERLAG · BERLIN

1980

SITZUNGSBERICHTE DER SÄCHSISCHEN AKADEMIE DER WISSENSCHAFTEN ZU LEIPZIG

MATHEMATISCH-NATURWISSENSCHAFTLICHE KLASSE

Band 107

Heft 1 Prof. Dr. OTT-HEINRICH KELLER, Die Homologiegruppen der Flächen 3. Ordnung
1965. 15 Seiten – 8° – M 2,30

Heft 2 Prof. Dr. FRANZ RUNGE, Grignard und die nach ihm benannte Synthese
1966. 17 Seiten – 3 Abbildungen – 8° – M 2,30

Heft 3 Prof. Dr. KARL SCHMALFUSS, Zur Kenntnis der Bodenbildung
1966. 13 Seiten – 4 Tabellen – 8° – M 1,40

Heft 4 Dr. Bodo RENSCHUCH, Verallgemeinerungen des Bezoutschen Satzes
1966. 41 Seiten – 8° – M 4,50

Heft 5 Prof. Dr. med. ROLF EMMRICH, Realität und Theorie des Alterns
1966. 20 Seiten – 9 Abbildungen – 8° – M 2,60

Heft 6 Prof. Dr. WILHELM MAIER, Nichteuklidische Volumina
1967. 20 Seiten – 16 Abbildungen – 8° – M 2,80

Heft 7 Dr. LOTHAR VON WOLFERSDORF, Zur Berechnung optimaler Strategien für Spiele über dem Einheitsquadrat mit an der Hauptdiagonalen unstetigen Auszahlungsfunktionen
1968. 53 Seiten – 8° – M 5,70

Band 108

Heft 1 Prof. Dr. PAUL GÖRLICH / Dipl. Phys. DETLEF GÜLDNER / Dr. HANS-JOACHIM POHL, „Elektronische Spektralmessung" mit steuerbaren Photovervielfachern
1967. 12 Seiten – 9 Abbildungen – 1 Tabelle – 8° – M 2,10

Heft 2 Prof. Dr. MANFRED GERSCH, Neuroendokrinologie der Insekten
1968. 33 Seiten – 12 Abbildungen – 1 Kunstdrucktafel – 8° – M 4,–

Heft 3 Prof. Dr. HASSO ESSBACH, Die Bedeutung der Morphologie in der Heilkunde
1968. 16 Seiten – 1 Textabb. – 13 Abbildungen auf 8 Kunstdrucktafeln, davon 11 vierfarbig – 8° – M 12,80

Heft 4 Prof. Dr. OTT-HEINRICH KELLER, Über eine Definition von S. Lefschetz in der topologischen Schnitttheorie
1969. 29 Seiten – 1 Abbildung – 8° – M 4,20

Heft 5 Prof. Dr. WOLFGANG TUTSCHKE, Das Reziprozitätstheorem für eine Klasse pseudoholomorpher Funktionen mehrerer komplexer Variabler
1969. 19 Seiten – 8° – M 3,30

Heft 6 Prof. Dr. WALTER BREDNOW, Von Lavater zu Darwin
1969. 31 Seiten – 14 Abbildungen im Anhang – 8° – M 5,50

Heft 7 Prof. Dr. FRANZ RUNGE, Organische Disulfimide in Wissenschaft und Technik
1970. 24 Seiten – 2 Abbildungen – 8° – M 3,60

Band 109

Heft 1 Prof. Dr. ERICH RAMMLER, Über die Theorien der Braunkohlenbrikettentstehung
1970. 38 Seiten – 13 Abb., davon 2 auf 2 Tafeln – 8° – M 4,–

Heft 2 Prof. Dr. WOLFGANG TUTSCHKE, Stammfunktionen komplexwertiger Funktionen
1970. 20 Seiten – 8° – M 3,70

Heft 3 Dr. habil GÜNTHER EISENREICH, Zur Syzygientheorie und Theorie des inversen Systems perfekter Ideale und Vektormodule in Polynomringen und Stellenringen
1970. 88 Seiten – 8° – M 10,80

Heft 4 Prof. Dr. med. ROLF EMMRICH, Hochdruck und Hyperlipidämie (Hypercholesterinämie) als Risikofaktoren für die Entstehung der Arteriosklerosen
1971. 23 Seiten – 10 Abbildungen – 4 Tabellen – 8° – M 3,90

Heft 5 Prof. Dr. HANS DRISCHEL, Biologische Rhythmen
1972. 57 Seiten – 31 Abbildungen – 1 Tabelle – 8° – M 6,60

SITZUNGSBERICHTE DER SÄCHSISCHEN AKADEMIE
DER WISSENSCHAFTEN ZU LEIPZIG

Mathematisch-naturwissenschaftliche Klasse
Band 114 · Heft 3

OTT-HEINRICH KELLER

ANSCHAULICHKEIT UND ELEGANZ BEIM ALEXANDERSCHEN DUALITÄTSSATZ

AKADEMIE-VERLAG · BERLIN
1980

Vorgetragen in der Sitzung am 15. Dezember 1978
Manuskript eingeliefert am 15. Dezember 1978
Druckfertig erklärt am 30. Januar 1980

Erschienen im Akademie-Verlag, DDR - 108 Berlin, Leipziger Straße 3—4

Lizenznummer: 202 · 100/51/80
Gesamtherstellung: VEB Druckhaus „Maxim Gorki", 74 Altenburg
Bestellnummer: 762 777 5 (2027/114/3) · LSV 1025
Printed in GDR
DDR 4,00 M

In der Mathematik hat sich, wie in vielen anderen Wissenschaften, um die Mitte dieses Jahrhunderts ein Stilwandel vollzogen. Er ging vom Anschaulichen zum Formalen, vom Schönen zum Brauchbaren und Beherrschbaren. Ich möchte diesen Stilwandel im Folgenden am Beispiel eines der schönsten Sätze der algebraischen Topologie, dem ALEXANDERschen Dualitätssatz, aufweisen.

ALEXANDER [1] hat den Satz 1922 entdeckt. Er wurde dann erweitert, und bei ALEXANDROFF-HOPF [2] steht er mit etwas anderen Worten in folgender Form:

Es sei $\mathfrak{S}_n$ ein sphärischer Raum, d. h. eine orientierbare topologische Mannigfaltigkeit der Dimension n, deren sämtliche Homologiegruppen bis auf die n-te 0 sind. Es sei $\mathfrak{A}$ ein kompakter Teilraum, $\mathfrak{O} = \mathfrak{S} \setminus \mathfrak{A}$ der Komplementärraum und $0 \leqq q \leqq n - 1$. Dann sagt der Satz:

I. *Jeder Basis der q-Homologiegruppe $H_q(\mathfrak{A})$ läßt sich elementweise eineindeutig eine Basis von $H_{n-q-1}(\mathfrak{O})$ so zuordnen, daß jedes Element mit dem zugeordneten und nur mit ihm einfach verschlungen ist.*

Die Beweise erscheinen uns heute schwerfällig und undurchsichtig, weil wesentliche methodische Hilfsmittel damals noch nicht zur Verfügung standen. Seit 1940, nach der Entwicklung der Kohomologietheorie, kann der Satz sehr einfach und elegant bewiesen werden, erscheint aber in allen Lehrbüchern in der wesentlich ärmeren Form:

II. *Die Kohomologiegruppe $H^q(\mathfrak{S}/\mathfrak{O})$ ist isomorph der Homologiegruppe $H_{n-q-1}(\mathfrak{O})$.*

Diese Verkürzung scheint mir durch die Sache nicht erzwungen, sondern Ausdruck eines neuen Stilgefühls zu sein. Es ist doch auffällig, daß schon das Phänomen der Verschlingung aus dem Bewußtsein verschwunden ist.

Zunächst möchte ich die in der Literatur vorhandenen alten und neuen Beweisgedanken herauspräparieren. Mit ihnen ist ein Beweis von Satz I möglich, der allen modernen Ansprüchen gerecht wird, aber nirgends in dieser Form nachzulesen ist. Einen neuen Beweisgedanken wird man bei einem so alten und berühmten Satz kaum erwarten können.

Ich vergleiche dann die beiden Fassungen unter verschiedenen Aspekten miteinander: Anschaulichkeit, Eleganz des Beweises, Invarianz des Begriffssystems, Allgemeinheit der Aussage, Folgerungen, Ontologie mathematischer Sätze.

1. Bezeichnungen und Grundbegriffe

1.1. Daß eine Abbildung α einer Gruppe a in eine Gruppe b einen Monomorphismus (einen Isomorphismus) bewirkt, sei durch $\alpha\colon a \rightarrowtail b$ ($\alpha\colon a \twoheadrightarrow b$) angedeutet.
1.2. Der Ring der ganzen Zahlen wird mit $\mathbf{Z}$, der Restklassenring (mod m) wird mit $\mathbf{Z}_m$ bezeichnet.
1.3. Z_∞ sei die unendliche zyklische Gruppe.
1.4. Die Dimension q sei immer eine der Zahlen $0, \ldots, n-1$.
1.5. Ist K ein Komplex, so sei für die q-te Dimension $C_q(K)$ die Kettengruppe, $Z_q(K)$ die Zyklengruppe, $N_q(K)$ die Rändergruppe, $H_q(K)$ die Homologiegruppe, $H_q(K)$ die BETTIsche Gruppe. Für die entsprechenden Gruppen der Koketten schreibt man den Dimensionsindex oben:
$C^q(K) =$ Kokettengruppe usw.
1.6. Ist G eine endlich erzeugte abelsche Gruppe, so sei BG eine Basis davon.
1.7. Es sei $\mathfrak{S} = \mathfrak{S}_n$ eine orientierbare topologische Mannigfaltigkeit n-ter Dimensionen und lasse sich in einen endlichen simplizialen Komplex S triangulieren. Der Koeffizientenbereich sei $\mathbf{Z}$. S sei augmentiert, d. h., das leere Simplex s_{-1} gehöre dazu. S sei eine Homologiesphäre, d. h., die Homologiegruppen seien $H_q(S) = 0$ für $q < n$; $H_n(S) = Z_\infty$.
1.8. Ein Zyklus (mod m) sei eine Kette c_q, deren Rand $\partial c_q = m d_{q-1}$ das m-fache eines Zyklus ist. Ist dabei $d_{q-1} \neq 0$ und nicht das Vielfache eines anderen Zyklus, so heiße c_q ein eigentlicher Zyklus (mod m); d_{q-1} ist also ein Zyklus, dessen m-faches berandet. Er heißt ein m-ter Randteiler.

Ein Zyklus, der kein Randteiler ist, heißt ein BETTIscher Zyklus.

Die Koeffizienten von c_q und d_{q-1} seien aus $\mathbf{Z}$. Später, beim Übergang von den Zyklen zu den Homologieklassen, wird sich die Notwendigkeit zeigen, $\mathbf{Z}_m$ als Koeffizientenbereich zu wählen.

In alle diese Begriffsbildungen sei der Fall $m = 1$ durchaus mit einbezogen. 1-te Randteiler sind gewöhnliche Ränder; Zyklen (mod 1) gewöhnliche berandete Ketten. Der Restklassenring (mod 1) besteht dann aus der 0-Restklasse allein.
1.9. Unser Satz sagt etwas aus über einen abgeschlossenen Teilkomplex $A \subset S$. Dann ist $O = S \setminus A$ eine offene Simplexmenge.

Wir werden dann auch allgemeinere kompakte Teilmengen von S zu betrachten haben, die sich nicht mehr durch eine endliche Triangulierung von S

erfassen lassen. Wir wollen uns allerdings auf solche Teilmengen beschränken, die eine endlich-erzeugte Homologiegruppe haben.

1.10. Wir benötigen den zu S komplementären Zellkomplex $\tilde{S}$. Um ihn aufzubauen, führen wir zunächst die Normalunterteilung S' von S durch. Jedem Eckpunkt geben wir als Ordnung die Dimension seines Trägers in S. Es sei nun s_q ein Simplex aus S, e sein Schwerpunkt. Wir bilden die Gesamtheit derjenigen Simplizes aus S', die e als Ecke niedrigster Ordnung haben. Sie ist eine Zelle t_{n-q}, weil S eine Mannigfaltigkeit ist; sie heißt die zu s_q komplementäre Zelle. Diese komplementären Zellen sind nun die Bausteine des zu S komplementären Komplexes $\tilde{S}$. Eine Orientierung von S läßt sich auf eine Orientierung von $\tilde{S}$ übertragen.

Die zu A komplementäre Zellmenge $\tilde{A}$ ist offen, die zu O komplementäre Zellmenge $\tilde{\bar{O}}$ ist abgeschlossen.

1.11. Die Schnittzahl zweier Ketten c_q und $\tilde{c}_{n-q}$ wird mit $\varnothing(c_q, \tilde{c}_{n-q})$ bezeichnet. Wir brauchen sie nur für den Fall $c_q \in C_q(S)$ und $\tilde{c}_{n-q} \in C_{n-q}(\tilde{S})$.

1.12. Es seien c_q und $\tilde{d}_{n-q-1}$ zwei Zyklen aus $Z_q(S)$ und $Z_{n-q-1}(\tilde{S})$. Sie können sich nicht schneiden. Es sei $\tilde{D}_{n-q}$ eine Kette mit $\partial\tilde{D}_{n-q} = \tilde{d}_{n-q-1}$. Dann ist die Verschlingungszahl $\mathfrak{v}(c_q, \tilde{d}_{n-q-1})$ definitionsgemäß gleich $\varnothing(c_q, \tilde{D}_{n-q})$. Weil S eine Sphäre ist, gibt es immer ein solches $\tilde{D}_{n-q}$. Gibt es mehrere, so sind die Schnittzahlen mit c_q einander gleich. Die Verschlingungszahlen $\mathfrak{v}(c_q, \tilde{d}_{n-q-1})$ und $\mathfrak{v}(\tilde{d}_{n-q-1}, c_q)$ unterscheiden sich höchstens durch ihr Vorzeichen.

Wir brauchen die Verschlingungszahlen auch für Zyklen (mod m). Es sei c_q ein solcher Zyklus mit $\partial c_q = m d_{q-1}$ und $\tilde{f}_{n-q-1} = \partial\tilde{F}_{n-q} = \partial\tilde{F}'_{n-q}$ ein Zyklus aus $Z_{n-q}(\tilde{S})$. Da $\tilde{F} - \tilde{F}'$ ein Zyklus ist, gibt es eine Kette $\tilde{G}_{n-q+1}$ mit $\partial\tilde{G} = \tilde{F} - \tilde{F}'$. Bekanntlich ist $\varnothing(c, \partial\tilde{G}) = (-)^q\, \varnothing(\partial c, \tilde{G})$, also $\varnothing(c, \tilde{F}) - \varnothing(c, \tilde{F}') = (-)^q\, (md, \tilde{G}) = 0$ (mod m).

$\mathfrak{v}(c_q, \tilde{f}_{n-q-1})$ ist also mit $\varnothing(c_q, \tilde{F}_{n-q})$ mod m wohldefiniert.

1.13. Der Poincarésche Dualitätsoperator Δ ordnet jeder Kokette $c^q \in C^q(S)$ eine Kette $\Delta c^q = \tilde{c}_{n-q} \in C_{n-q}(\tilde{S})$ zu. Der elementaren Kokette s^q (die nur in dem Simplex s_q den Wert 1, sonst den Wert 0 hat) ordnet Δ die Kette zu, die aus den Simplizes der zu s^q komplementären Zelle, je mit dem Koeffizienten 1, besteht. Ist $a_q \in C_q(S)$ und $b^q \in C^q(S)$, so ist der Kronecker-Index (a_q, b^q) gleich der Schnittzahl $\varnothing(a_q, \Delta b^q) = \varnothing(a_q, \tilde{b}_{n-q})$. Es ist:

$$\partial\Delta c^q = \Delta\delta c^q. \tag{1.1}$$

Diese Gleichung läßt sich nicht auf den Fall $q = -1$ ausdehnen, da Δs^{-1} nicht definiert ist.

Bisher ist Δ lokal, für die einzelne Kokette definiert. Dabei brauchten wir nicht vorauszusetzen, daß wir es mit einer Sphäre zu tun haben, sondern konnten Δ in einer beliebigen orientierbaren triangulierbaren Mannigfaltigkeit einführen. Δ bewirkt dann auf der Kettengruppe einen Isomorphismus. Aus der Gültigkeit von (1.1) für $q - 1$ folgt dann, daß Δ auch einen Isomorphismus auf der Korändergruppe $N^q(K)$ bewirkt ($q \geqq 1$). Dann induziert Δ auch auf der Kohomologiegruppe $H^q(K)$ einen Isomorphismus Δ^*.

Da (1.1) für $q = -1$ keinen Sinn hat, wirkt Δ auf der 0-Korändergruppe und induziert auf der 0-Kohomologiegruppe im allgemeinen keinen Isomorphismus.

Für die Betrachtung des Δ-Operators ist eben die Augmentierung (die Erweiterung des Komplexes um s^{-1}) nicht sachgemäß und unterbleibt deshalb in den meisten Darstellungen an dieser Stelle.

Wir wollen trotzdem augmentieren, denn nur so gewinnen wir eine für alle Dimensionen einheitliche Fassung des ALEXANDERschen Satzes.

2. Beweis des Satzes II

Für beliebige Koeffizientenbereiche ist

$$H^q(S/O) \cong H_{n-q-1}(\tilde{O}). \tag{2.1}$$

Der Beweis ist in verschiedenen geringfügigen Varianten bekannt. Um darauf zurückgreifen zu können, möchte ich mich für eine Variante entscheiden. Der Beweis verläuft in zwei Schritten:

1. Schritt: Für $q \geqq 1$ liefert der POINCARÉsche Dualitätsoperator den Isomorphismus:

$$H^q(S/O) \cong H_{n-q}(\tilde{S}/\tilde{O}). \tag{2.2}$$

Man bezeichnet dies als LEFSCHETZschen Dualitätssatz. Für $q = 0$ müssen wir den Kozyklus δs^{-1} gesondert betrachten. Er ist die konstante Kokette, die jedem Eckpunkt den Wert $+1$ zuweist. δs^{-1} ist zwar ein Korand, aber $\Delta \delta s^{-1}$ ist kein Rand, sondern der n-Grundzyklus von $\tilde{S}/\tilde{O}$. Die von diesem und die von δs^{-1} erzeugte Gruppe sei mit $(\tilde{S}/\tilde{O})$ bzw. (δs^{-1}) bezeichnet. Dann haben wir den Isomorphismus

$$\Delta: (\delta s^{-1}) \rightarrowtail\!\!\!\twoheadrightarrow (\tilde{S}/\tilde{O}). \tag{2.3}$$

Wir gehen nun zurück auf die Kozyklengruppe $Z^0(S/O)$. Auf Grund von (1.1) für $q = 0$ wirkt Δ auf die Kozyklengruppe $Z^0(S/O)$ als Isomorphismus

$$\Delta Z^0(S/O) \rightarrowtail\!\!\!\twoheadrightarrow Z_n(\tilde{S}/\tilde{O}). \tag{2.4}$$

Für die linke Seite beachten wir, daß (δs^{-1}) die ganze 0-Korändergruppe ist, also $Z^0(S/O)/(\delta s^{-1}) = H^0(S/O)$. Auf der rechten Seite ist $Z_n(\tilde{S}/\tilde{O}) = H_n(\tilde{S}/\tilde{O})$, und dann folgt aus (2.3) und (2.4):

$$\Delta^* H^0(S/O) \twoheadrightarrow H_n(\tilde{S}/\tilde{O})/(\tilde{S}/\tilde{O}) \tag{2.5}$$

ist ein Isomorphismus.

2. Schritt: Wir ziehen die exakte Sequenz

$$\to H_{n-q}(\tilde{S}) \xrightarrow[j_*]{} H_{n-q}(\tilde{S}/\tilde{O}) \xrightarrow[\partial_*]{} H_{n-q-1}(\tilde{O}) \xrightarrow[i_*]{} H_{n-q-1}(\tilde{S}) \to \tag{2.6}$$

heran. Für $q \geqq 1$ ist $H_{n-q}(\tilde{S}) = H_{n-q-1}(\tilde{S}) = 0$. (Für $q = n - 1$ ist das nur deshalb richtig, weil wir augmentiert haben.) Daraus folgt

$$H_{n-q}(\tilde{S}/\tilde{O}) \cong H_{n-q-1}(\tilde{O}). \tag{2.7}$$

Aus (2.2) und (2.7) folgt dann (2.1) für $q \geqq 1$.

Es bleibt noch der Fall $q = 0$ zu untersuchen. Es ist $H_{n-q}(\tilde{S}) = H_n(\tilde{S}) = \mathbf{Z}_\infty$, und $H_{n-q}(S)$ und wird von dem Grundzyklus von $\tilde{S}$ erzeugt. In der Sequenz (2.6) ist das j_*-Bild von $H_n(\tilde{S})$ die Gruppe $(\tilde{S}/\tilde{O})$. Für ihr ∂_*-Bild ist $\partial_*(\tilde{S}/\tilde{O}) = 0$, weil die Sequenz (2.6) exakt ist; also ist

$$\partial_*: H_n(\tilde{S}/\tilde{O})/(\tilde{S}/\tilde{O}) \twoheadrightarrow H_{n-1}(\tilde{O}) \text{ ein Isomorphismus.} \tag{2.8}$$

Aus (2.5) und (2.8) folgt dann die Isomorphie:

$$H^0(S/O) \cong H_{n-1}(\tilde{O}).$$

Damit ist (2.1) auch für $q = 0$ bewiesen.

Wenn wir nicht augmentieren, gilt (2.1) für $q = 0$ und $q = n - 1$ nicht. Zwar ist dann auch für $q = 0$ $H^q(S/O) \cong H_{n-q}(\tilde{S}/\tilde{O})$, aber $H_{n-1}(\tilde{O}) \cong H_n(\tilde{S}/\tilde{O})/\tilde{S}/\tilde{O} \neq H_n(\tilde{S}/\tilde{O})$ und $\partial_* H_1(\tilde{S}/\tilde{O}) \neq H_0(\tilde{O})$, denn $H^0(\tilde{O})$ enthält noch, im Gegensatz zu $\partial_* H_1(\tilde{S}/\tilde{O})$, solche Homologieklassen, die in $\tilde{S}$ nicht beranden.

3. Duale Ketten- und Kokettenbasen

Es sei C_q die q-Kettengruppe von S. Man findet trivialerweise eine Basis von C_q in der Menge aller q-Simplizes, in irgendeiner Weise geordnet. Wir schreiben diese Basis BC_q als Spaltenvektor. Die dazu duale Basis der q-Kokettengruppe BC^q findet man in den elementaren Koketten, die jeweils in dem zugeordneten Simplex den Wert 1 und sonst den Wert 0 haben. Wir können dann den Kronecker-Index der beiden Basen bilden. Bekanntlich bildet man den Kronecker-Index zweier Matrizen, indem man die Matrizen formal nach dem Matrizenkalkül multipliziert und das Produkt zweier Elemente durch ihren Kronecker-Index ersetzt. Dann ist

$$\left(BC_q, (BC^q)^T\right) = \mathfrak{E}. \tag{3.1}$$

Jede andere Basis $\bar{B}C_q$ findet man durch eine unimodulare Transformation $\bar{B}C_q = \mathfrak{P}BC_q$. Die dazu duale Basis sei so bestimmt, daß (3.1) erhalten bleibt. Dies leistet $\bar{B}C^q = \mathfrak{P}^{-T}BC^q$.

1. Den hiernach immer möglichen und eineindeutig bestimmten Übergang von einer Basis von C_q zu der dazu dualen Basis von C^q wollen wir mit $\varkappa$ bezeichnen. Es sei also $\bar{B}C^q = \varkappa BC_q$. Es gilt die Formel

$$\varkappa\mathfrak{P}BC_q = \mathfrak{P}^{-T}\varkappa B/C_q. \tag{3.2}$$

Paare dualer Basen kennt man, seit man Koketten kennt. Neu ist hier nur, daß man den Übergang von der einen zur andern Basis mit einem Buchstaben bezeichnet und damit in die Rechenformeln einsetzen kann.

$\varkappa$ ist kein Homomorphismus, denn ein solcher müßte mit $\mathfrak{P}$ vertauschbar sein. $\varkappa$ operiert nicht auf die Gruppe, sondern auf eine Basis. $\varkappa$ operiert auf ein Gruppenelement nur insofern es einer Basis angehört, und das Ergebnis für dasselbe Element ist für verschiedene Basen verschieden.

Der Rand jedes Elementes von BC_q läßt sich linear durch die Basis BC_{q-1} darstellen, und es ist

$$\partial BC_q = \mathfrak{J}_q BC_{q-1} \quad \delta\varkappa BC_{q-1} = \mathfrak{J}_q{}^T\varkappa BC_q. \tag{3.3}$$

Die Matrizen $\mathfrak{J}_q$ und $\mathfrak{J}_q{}^T$ heißen die Inzidenzmatrizen für die Ketten- und Kokettengruppen.

2. Wir betrachten insbesondere solche Basen $BC_q = \begin{pmatrix} B' \\ B'' \end{pmatrix} C_q$, deren Elemente entweder (B') ganz zu A oder (B'') ganz zu O gehören. Dann wird

$$\mathfrak{J}_q = \begin{pmatrix} \mathfrak{J}_q{}' & 0 \\ \mathfrak{R}_q & \mathfrak{J}_q{}'' \end{pmatrix} \quad \mathfrak{J}_q{}^T = \begin{pmatrix} \mathfrak{J}_q{}'^T & \mathfrak{R}_q{}^T \\ 0 & \mathfrak{J}_q{}''^T \end{pmatrix}. \tag{3.4}$$

In $\mathfrak{J}_q$ steht rechts oben 0, weil A abgeschlossen ist. $\mathfrak{R}_q$ ist nicht 0, weil S zusammenhängend ist. Aber wir müssen damit rechnen, daß Koketten, die in A Kozyklen sind, in Δ einen Korand haben. Wollen wir die Kozykleneigenschaft in A benutzen, so müssen wir die außerhalb von A liegenden Bestandteile vernachlässigen, also in S/O arbeiten. Eine Basis von $C^q(A)$ ist natürlich immer auch eine Basis von $C^q(S/O)$. Der Operator $\varkappa$ bewirkt also eine Abbildung

$$\varkappa\colon BC_q(A) \to BC^q(S/O)$$

(dies ist freilich kein Epimorphismus). Nun können wir eine Basis $BC_q(A)$ nacheinander den Operatoren $\varkappa$, Δ, ∂ unterziehen, also den Operator $\partial\Delta\varkappa BC_q(A)$ bilden. Es wird:

$$\left(BC_q, \varkappa(BC_q)^T\right) = \text{ø}\left(BC_q, \Delta\varkappa(BC_q)^T\right) = \mathfrak{v}\left(BC_q, \partial\Delta\varkappa(BC_q)^T\right) = \mathfrak{E}. \tag{3.5}$$

3. Wir wählen nun insbesondere eine Basis, die für A kanonisch ist. (Für ihr Verhalten in O machen wir keine Vorschriften.) Wir ordnen dabei in üblicher Weise die Basiselemente von B' so, daß zuerst die Ränder und Randteiler (Anzahl α_q), dann die Bettischen Zyklen (Anzahl p_q) und dann die eigentlichen Zyklen (mod m) (Anzahl γ_q) stehen. $\mathfrak{I}_q'$ und $\mathfrak{I}_q'^T$ sehen dann so aus:

$$\mathfrak{I}_q' = \overset{\begin{matrix}\alpha_{q-1} & p_{q-1} & \gamma_{q-1}\end{matrix}}{\left(\begin{array}{c|c|c} 0 & 0 & 0 \\ \hline 0 & 0 & 0 \\ \hline \diagdown & 0 & 0 \end{array}\right)} \begin{matrix}\}\,\alpha_q \\ \}\,p_q \\ \}\,\gamma_q\end{matrix}; \qquad \mathfrak{I}_q'^T = \overset{\begin{matrix}\alpha_q & p_q & \gamma_q\end{matrix}}{\left(\begin{array}{c|c|c} 0 & 0 & \diagdown \\ \hline 0 & 0 & 0 \\ \hline 0 & 0 & 0 \end{array}\right)} \begin{matrix}\}\,\alpha_{q-1} \\ \}\,p_{q-1} \\ \}\,\gamma_{q-1}\end{matrix}$$

($\diagdown$) soll dabei eine Diagonalmatrix andeuten. Wir wollen nun die Wirkung von $\partial\Delta\varkappa$ auf die einzelnen Typen von Basiselementen untersuchen:

3.1. c_q sei ein Bettischer Zyklus. Dann ist $\varkappa c$ ein Kozyklus in S/O, $\Delta\varkappa c$ ein $(n-q)$-Zyklus in $\tilde{S}/\tilde{O}$, dessen Rand $\partial\Delta\varkappa c$ in $\tilde{O}$ liegt. Er berandet in $\tilde{O}$ nicht, weil er nach (3.5) mit c verschlungen ist.

3.2. c_q sei ein eigentlicher Zyklus (mod m), $\partial c_q = md_{q-1}$. Dann ist

$$\delta\varkappa d = m\varkappa c \text{ in } S/O, \tag{3.6}$$

hat aber in O noch einen Bestandteil $\delta_O\varkappa d$, und es ist

$$\delta\varkappa d = m\varkappa c + \delta_O\varkappa d \text{ in } S; \; \delta\varkappa d = \delta_O\varkappa d \pmod m \tag{3.7}$$

$$\partial\Delta\varkappa d = \Delta\delta\varkappa d = m\Delta\varkappa c + \Delta\delta_O\varkappa d. \tag{3.8}$$

Wir bilden den Rand

$$m\delta\Delta\varkappa c + \delta\Delta\partial_O\varkappa d = 0. \tag{3.9}$$

Der zweite Summand liegt in $\tilde{O}$, also der erste auch. Dann sind $\Delta\delta_O\varkappa d$ und $\partial\Delta\varkappa c$ die Zyklen in $\tilde{O}$, die wir suchen.

$\Delta\delta_O\varkappa d$ ist ein eigentlicher Zyklus (mod m) in $\tilde{O}$. Er ist nach (3.6) (mod m) kongruent dem Zyklus $\partial\Delta\varkappa d$ in $\tilde{S}$ und nach (3.5) mit d (mod m) verschlungen.

$\partial\Delta\varkappa c$ ist ein m-ter Randteiler in $\tilde{O}$, und es ist nach (3.5) $\mathfrak{v}(c, \partial\Delta\varkappa c) = 1$ (mod m).

Bemerkung: Die Ergebnisse von 3.2 bekommt man nicht in dieser Fülle und Genauigkeit, wenn man in 3,1 den Koeffizientenbereich einfach durch den Restklassenring mod m ersetzt.

4. Homologie- und Kohomologie-Basen

Die kanonische Basis der Kettengruppe ist nicht eindeutig bestimmt; es seien BC_q und $\bar{B}C_q$ zwei solche Basen. Wir wollen das $\varkappa$-Bild eines Elementes c mit $\varkappa c$ oder $\bar{\varkappa} c$ bezeichnen, je nachdem, ob wir c als Element von BC_q oder von $\bar{B}C_q$ ansehen. Der Operator $\varkappa$ für die Basen als solche heißt natürlich in beiden Fällen $\varkappa$.

Zur Beschreibung der Wirkung von $\varkappa$ auf die Homologiegruppen wollen wir die Ketten- und Kokettengruppen in etwas aufgefächerter Form schreiben. Wir legen eine bestimmte kanonische Basis zugrunde. Die Gruppe $Z_{q,m}$ sei das Erzeugnis derjenigen Zyklen (mod m), die Basiselemente sind. (Ist also c ein Zyklus (mod m/t), so gehöre $t \cdot c$ nicht zu $Z_{q,m}$.) Dann ist $C_q = Z_q + \sum\limits_m Z_{q,m}$, und das entsprechende gilt für C^q. Wir werden von jedem $Z_{q,m}$ die Restklassen (mod m), also $Z_{q,m}/m \cdot C_q = Z_{m,q}/(m)$, vorfinden und bilden die Gruppe $D_q = Z_q \oplus \sum\limits_m Z_{q,m}/(m)$.

Wir unterwerfen die Basis BC_q der Transformation:

$$\mathfrak{P}_{ij}: \begin{cases} \bar{c}_j = c_j + m c_i & (\text{für } i \neq j) \\ \bar{c}_k = c_k & (\text{für } k \neq j, \text{ auch für } k = i). \end{cases} \tag{4.1}$$

Die kontragradiente Transformation $\mathfrak{P}_{ij}^{-T}$ von BC^q ist dann

$$\begin{cases} \bar{\varkappa}\bar{c}_i = \varkappa c_i - m\varkappa c_j & (\text{für } i \neq j) \\ \bar{\varkappa}\bar{c}_k = \varkappa c_k & (\text{für } k \neq i, \text{ auch für } k = j). \end{cases} \tag{4.2}$$

Wir wenden dies in zwei Fällen an:

4.1. c_j beliebig, c_i ein m-ter Randteiler. Dann ist $mc_i \sim 0$ und $c_j \sim c_j$; weiter ist $\mathfrak{P}_{ij} BC_q$ wieder eine kanonische Basis. Wir halten j für einen Augenblick fest. Die $m \cdot c_i$ erzeugen die Rändergruppe N_q. Bei geeigneter Kombination von Transformationen $\mathfrak{P}_{ij}$ wird c_j seine Nebenklasse nach N_q, also seine Homologieklasse, überstreichen. Nach (4.2) bleibt dabei $\bar{\varkappa}\bar{c}_j$ fest.

Nun halten wir in (4.2) das i fest und lassen j variieren. Die $m\varkappa c_j$ überstreichen dann die Gruppe mC^q. Also überstreicht $\varkappa c_i$ die Nebengruppe $\varkappa c_i + mC^q$; diese ist ein Element der Gruppe $Z_{q,m}/(m)$. Beides zusammen ergibt eine Abbildung

$$\varkappa_0 BC_q/N_q \to BD^q. \tag{4.3}$$

Hierbei ist zu beachten: Ist c_i ein m-ter Randteiler, so betrachten wir eine Transformation

$$\mathfrak{P}_{ii}: \begin{cases} \bar{c}_i = (1 + m)\, c_i \\ \bar{c}_k = c_k \ (k \neq i). \end{cases}$$

Es ist zwar $c_i(1+m) \equiv c_i (\mathrm{mod}\, m)$ und $c_i(1+m) \sim c_i$, aber $\mathfrak{P}_{ii}$ ist nicht unimodular und daher keine Basistransformation, und es gibt keine Basis, von der $c_i(1+m)$ ein Element wäre.

4.2. In (4.1) sei jetzt umgekehrt c_i beliebig und c_j ein eigentlicher Zyklus $(\mathrm{mod}\, m)$. Wenn wir nun j festhalten und i variieren lassen, überstreicht c_j seine Restklasse $(\mathrm{mod}\, m)$. In (4.2) wird $m\varkappa c_j \sim 0$, also $\bar{\varkappa}\bar{c}_i \sim \varkappa c_i$. Halten wir i fest und lassen j variieren, so überstreicht $\bar{\varkappa}\bar{c}_i$ seine Kohomologieklasse. Ganz entsprechend der Überlegung von (4.1) finden wir eine Abbildung:

$$\varkappa_+ \colon BD_q \to BC^q/N^q. \tag{4.4}$$

Wir wollen nun, etwas abweichend vom üblichen Sprachgebrauch, die Gruppe D_q/N_q die Homologiegruppe H_q und die Gruppe D^q/N^q die Kohomologiegruppe H^q nennen. (4.3) und (4.4) vereinigen wir nun zu einer Abbildung

$$\varkappa_* \colon BH_q(A) \to BH^q(S/O). \tag{4.5}$$

Um diese Beziehung aussprechen zu können, brauchen wir die angegebene Erweiterung der Homologiegruppe, in die wir die verschiedenen Gruppen $Z_{q,m}/(m)$, N_q aufgenommen haben; denn $\varkappa$ führt eben von einem Zyklus $(\mathrm{mod}\, m)$ zu einem m-ten Korandteiler. Wenn wir eines herauslassen wollen, dann entfällt auch das andere, und es blieben nur die Bettischen Gruppen übrig.

Damit ist der Anschluß an Kap. 2 erreicht. Die Isomorphismen Δ^* und ∂_* sind unabhängig von einem bestimmten Koeffizientenbereich definiert, und wir können sie somit auf unsere erweiterten Homologiegruppen anwenden. Dann haben wir die Kette von Abbildungen

$$\begin{aligned} &BH_q(A) \xrightarrow[\varkappa_*]{} BH^q(S/O) \\ &\qquad H^q(S/O) \xrightarrow[\Delta^*]{} H_{n-q}(\tilde{S}/\tilde{O}) \xrightarrow[\partial_*]{} H_{n-q-1}(\tilde{O}). \end{aligned} \tag{4.6}$$

Für $q = 0$ ist dabei das dritte Glied $H_{n-q}\,(\tilde{S}/\tilde{O})$ durch $H_{n-q}(\tilde{S}/\tilde{O})/(\tilde{S}/\tilde{O})$ zu ersetzen.

Damit ist die in der Einleitung angekündigte Form I des Alexanderschen Satzes bewiesen:

Im Bereich der erweiterten Homologiegruppen werden durch die Abbildung $\partial_*\Delta^*\varkappa_*$ die Homologiebasen $BH_q(A)$ und $BH_{n-q-1}(\tilde{O})$ einander eineindeutig so zugeordnet, so daß $\mathfrak{v}\big(BH_q(A), (BH_{n-q-1}(O))^T\big) = \mathfrak{E}$ wird.

Um die (doch etwas komplizierte) Erweiterung der Homologiegruppen zu vermeiden, nimmt man in vielen Darstellungen die gewöhnliche Homologiegruppe in die Torsionsgruppe und die Bettische Gruppe auseinander. Die Torsionsgruppe T_q ist dabei die Gruppe der Elemente endlicher Ordnung. Legt man eine bestimmte kanonische Basis zugrunde, so kann man aus ihr die Elemente m-ter Ordnung aussuchen und aus ihnen eine Gruppe $T_{q,m}$ bilden.

Dann ist $T_q = \sum_m T_{q,m}$. Die Bettische Gruppe $\mathscr{H}_q$ ist dann die Faktorgruppe H_q/T_q. Ist eine Basis gegeben, so wird sie von den Basiselementen unendlicher Ordnung erzeugt. Dann ist

$$H_q = \mathscr{H}_q \oplus T_q. \tag{4.7}$$

Zu einem m-ten Randteiler d_{q-1} gehört ein Zyklus (mod m) c_q, für den $\partial c_q = m d_{q-1}$ gilt, wie es in 3.2 beschrieben wurde. Im Bereich der Basis von $Z_{q,m}/(m)$, N_q und $T_{q-1,m}$ ist diese Beziehung eineindeutig:

$$\partial_*: BZ_{q,m}/(m), N_q \rightarrowtail\!\!\!\twoheadrightarrow BT_{q-1,m}. \tag{4.8}$$

Daraus und aus (4.6) lesen wir ab:

$$\partial_* BZ_{q,m}/(m), N_q = BT_{n-q-1,m}. \tag{4.9}$$

Nehmen wir (4.8) und (4.9) zusammen und beachten, daß bei endlichen Gruppen eine eineindeutige Entsprechung der Basiselemente der gleichen Ordnung die Isomorphie der Gruppen nach sich zieht, so erhalten wir

$$T_{q-1,m}(A) \cong T_{n-q-1,m}(\tilde{O}). \tag{4.10}$$

Dann kann man dem Alexanderschen Satz die folgende Fassung geben:

$$\partial_* \Delta^* \varkappa_* B\mathscr{H}_q(A) \rightarrowtail\!\!\!\twoheadrightarrow B\mathscr{H}_{n-q-1}(\tilde{O}) \quad \text{mit} \quad \mathfrak{v}\big(B\mathscr{H}_q(A), (B\mathscr{H}_{n-q-1}(\tilde{O}))^T\big) = \mathfrak{E}$$

und $T_{q-1}(A) \cong T_{n-q-1}(\tilde{O})$.

Freilich ist diese Isomorphie der Torsionsgruppen rein formal und bekommt weder durch die Verschlingung noch durch eine andere Verknüpfung einen geometrischen Inhalt. Aber auch algebraisch wird keine sachliche Beziehung von Gruppenelement zu Gruppenelement hergestellt, sondern eine bestimmte Basis von $T_{q-1}(A)$ zugrunde gelegt und dazu eine Basis von $T_{n-q-1}(\tilde{O})$ konstruiert. Bei anderer Wahl der Basis sähe die Isomorphie (4.10) anders aus.

5. Allgemeinere kompakte Mengen

Wir hatten bisher vorausgesetzt, es gebe eine Triangulierung S von $\mathfrak{S}$, die $\mathfrak{A}$ mit erfaßt. Damit bleiben wichtige Fragen unbeantwortet, z. B. bekommen wir den Jordanschen Kurvensatz der Ebene nur in Spezialfällen.

Es sei nun $\mathfrak{A}$ eine kompakte Menge, die für jedes q eine endlich erzeugte Homologiegruppe besitzt, etwa das homöomorphe Bild eines endlichen Polyeders.

Wir bilden eine Folge $S = S_0, S_1, \ldots$ von immer feineren Triangulierungen von $\mathfrak{S}$, z. B., indem wir von jedem Komplex S_ν die Normalunterteilung $S_{\nu+1}$ bilden. Wir verschaffen uns eine Folge A_ν ($\nu = 0, 1, \ldots$) von simplizialen Approximationen von $\mathfrak{A}$. Dabei sei A_ν ein Teilkomplex von S_ν und bestehe aus allen Simplexen, die als Punktmenge betrachtet mindestens einen Punkt von $\mathfrak{A}$ enthalten, sowie deren Rändern.

A_ν ist abgeschlossen.

Wir bezeichnen die Menge aller Punkte aller Simplexe eines Komplexes K mit $|K|$. Für $\mu < \nu$ ist $|A_\nu| \subset |A_\mu|$ und $A = \lim |A_\nu|$.

Unter einer Verschiebung der Komplexe $A_\nu \to A_\mu$ versteht man eine simpliziale Abbildung, bei der jeder Eckpunkt von A_ν in einen Eckpunkt seines Trägersimplex in A_μ abgebildet wird. Wir greifen eine solche Verschiebung $\pi_\nu{}^\mu$ heraus und halten sie im Folgenden fest. Sie ist randtreu, induziert also einen Homomorphismus $\pi^\mu_{\nu*}$ der Homologiegruppen $H_q(A_\nu) \to H_q(A_\mu)$. Dagegen ist eine Kettenabbildung von A_μ in A_ν nicht definiert.

Wir brauchen die Komplemente $O_\nu = S_\nu \setminus A_\nu$ und $O = S \setminus A$. Sie sind offen. Für $\mu \subset \nu$ ist $|O_\mu|$ in $|O_\nu|$ enthalten, und es sei $\sigma_\mu{}^\nu$ die Abbildung der Unterteilung von O_μ in sich selbst, aufgefaßt als Unterkomplex von O_ν. Wieder ist $\sigma_\mu{}^\nu$ randtreu und induziert einen Homomorphismus der Kohomologiegruppen $\sigma_\mu{}^{\nu*}: H^q(O_\nu) \to H^q(O_\mu)$ sowie $\sigma_\mu{}^{\nu*}$: $H^q(S_\nu/O_\nu) \to H^q(S_\mu/O_\mu)$. Wieder ist eine Kettenabbildung von O_ν in O_μ nicht definiert. Es ist $O = \lim O_\nu$. Man definiert nun $H_q(A) = \overleftarrow{\lim}\, H_q(A_\nu)$ und $H^q(S/O) = \overleftarrow{\lim}\, H^q(S_\nu/O_\nu)$.

Damit sind die Homomorphismen $\pi_{\nu*}$: $H_q(A) \to H_q(A_\nu)$ gegeben. Es ist

$$\pi_{\mu*} = \pi^\mu_{\nu*} \cdot \pi_{\nu*}$$

Wir stehen vor der Aufgabe, eine Abbildung $\varkappa: BH_q(A) \to BH^q(S/O)$ zu konstruieren. Dazu benötigen wir folgende Sätze:

Satz: Für jeden Zahlbereich $\mathbf{Z}$ *oder* $\mathbf{Z}_p$ *gibt es eine solche Zahl* N_0 *bzw.* N_p, *daß für alle größeren Indizes* π_{b*} *monomorph wird.* (5.1)

Wir behaupten also, daß in der Kette der Kerne

$$\text{ke}\,(\pi_{\nu*}) \geqq \text{ke}\,(\pi_{\nu+1*}) \geqq \cdots \tag{5.2}$$

von einer gewissen Stelle ab lauter Nullen stehen. $\pi_{\nu+1*}H_q(A)$ wird durch $\pi^\nu_{\nu+1*}$ auf $\pi_{\nu*}H_q(A)$ abgebildet. Der Kern $\text{ke}\,(\pi^\nu_{\nu+1*}) = \text{ke}\,(\pi_{\nu*})/\text{ke}\,(\pi_{\nu+1*})$ sei mit $l_{\nu+1}$ abgekürzt.

Jedes Element $a \in H_q(A)$ können wir für jedes ν durch $\pi_{\nu*}$ auf ein Element $a_\nu \in \pi_{\nu*}H_q(A)$ abbilden und dann aus diesen Elementen einen „Faden" $(\ldots, a_\nu, a_{\nu+1}, \ldots)$ zusammenstellen.

Wir fragen nach der Anzahl der möglichen Fäden. Wenn wir einen Faden schon bis a_ν gesponnen haben, können wir $a_{\nu+1}$ noch unter verschiedenen Elementen von $\pi_{\nu+1*}H_q(A)$ auswählen; es muß nur $\pi^\nu_{\nu+1*}a_{\nu+1} = a_\nu$ sein. Sind $a_{\nu+1}$ und $a'_{\nu+1}$ zwei derartige Elemente, so ist $\pi^\nu_{\nu+1*}(a'_{\nu+1} - a''_{\nu+1}) = 0$, also $a'_{\nu+1} \equiv a''_{\nu+1}$

(mod $l_{\nu+1}$); dabei kann $a_{\nu+1}$ die ganze Restklasse durchlaufen. Die Anzahl der möglichen Bestimmungen von $a_{\nu+1}$ ist also ord $l_{\nu+1}$, und die Anzahl aller überhaupt möglichen Fäden ist

$$\operatorname{ord} H_q(A) = \operatorname{ord} \pi_{\nu *} H_q(A) \cdot \prod_{i=1}^{\infty} \operatorname{ord} l_{\nu+i}.$$

Angenommen, unter den l_ν gäbe es (abzählbar) unendlich viele, die nicht aus der 0 allein bestehen, für die also ord $l_\nu \geqq 2$. Dann ist $\prod_{i=1}^{\infty} \operatorname{ord} l_{\nu+i}$ von der Mächtigkeit des Kontinuums. $H_q(A)$ war aber als endlicherzeugt vorausgesetzt, und ord $H_q(A)$ ist höchstens abzählbar unendlich. Es gibt also nur endlich viele von (0) verschiedene unter den l_ν, und von einer bestimmten Stelle N an ist $l_\nu = (0)$ für $\nu \geqq N$.

Dann sind in der Kette (5.2) die Kerne ke $(\pi_{\nu *})$ für $\nu \geqq N$ einander gleich, etwa gleich k, und auch gleich ihrem inversen Limes. Nun ist $\overleftarrow{\lim}\, \pi_{\nu *}$ die identische Abbildung von $H_q(A)$ auf sich und hat k zum Kern. Also muß $k = (0)$ sein, und $\pi_{\nu *}$ ist für $\nu > N$ monomorph.

Satz: Es gibt nur endlich viele Primzahlen, modulo denen $\pi_{\nu *}$ für irgendwelche ν einen von (0) *verschiedenen Kern hat.* (5.3)

Zum Beweis benutzen wir Satz (5.1) für **Z**. Für ein bestimmtes $\nu > N_0$ sei a_ν eine Basis von $\pi_{\nu *} H_q(A)$ von der Länge a und b_ν eine Basis von $H_q(A_\nu)$ von der Länge b. Da $\pi_{\nu *} H_q(A) \subseteq H_q(A_\nu)$ gilt, ist

$$a_\nu = M_\nu b_\nu \tag{5.4}$$

mit einer ganzzahligen Matrix M_ν. Weil $\pi_{\nu *}$ in **Z** monomorph ist, hat M_ν den Rang a. Der a-te Determinantenteiler (der g.g.T. der a-reihigen Determinanten) von M_ν sei r_ν. Die a_ν sind genau modulo denjenigen Primzahlen p linear abhängig, die in r_ν aufgehen. Eine verschwindende Linearkombination mit nicht trivialen Koeffizienten ist dann ein Element von ke $\pi_{\nu *}$ mod p. In der Kette (5.2) können bei wachsendem ν keine neuen Primzahlen mehr hinzukommen. Damit ist (5.3) gezeigt.

Satz: Es gibt eine Zahl N, die für alle Zahlenbereiche das in Satz (5.1) *Verlangte leistet.* (5.5)

Da es nur endlich viele Zahlenbereiche gibt, die wir zu berücksichtigen haben, können wir für N einfach das Maximum der einzelnen Schranken wählen.

Satz: Für $\nu > N$ ist $\pi_{\nu *} H_q(A)$ direkter Faktor von $H_q(A_\nu)$. Eine Basis a_ν von der Länge a kann man zu einer Basis b_ν' von $H_q(A_\nu)$ von der Länge b ergänzen. (5.6)

In (5.4) ist der a-te Determinantenteiler von M_ν jetzt 1, und man kann M_ν durch Hinzufügung von geeigneten $b - a$ Zeilen zu einer (b, b)-reihigen Matrix N_ν mit der Determinante 1 ergänzen. $b_\nu = N_\nu b_\nu$ ist dann eine Basis von $H_q(A_\nu)$, die a_ν als Bestandteil enthält. Nun ist $\varkappa b_\nu'$ wie in Kap. 4 definiert. $\varkappa a_\nu$ ist dann die Einschränkung davon und Bestandteil einer Basis von $H^q(S_\nu/O_\nu)$. Durch Übergang zum inversen Limes erhalten wir die gewünschte Abbildung

$$\varkappa: BH_q(A) \to BH^q(S/O).$$

Erheblich schwieriger ist der Beweis, daß auch der Δ^*-Operator mit dem Übergang zum inversen Limes vertauschbar ist. Aber das betrifft die 2. Fassung des Satzes und ist z. B. bei Rinow [8] Kap. XV § 59 S. 689/95 ausführlich und klar durchgeführt.

6. Der geschichtliche Wandel des Satzes

Als erster hat J. W. Alexander [1] 1922 den Satz entdeckt. Er rechnet durchweg (mod 2), d. h., er betrachtet die Figuren als geometrische Objekte und Orientierung und Vielfachheit als algebraische Zutat. Dadurch werden viele Feinheiten des Satzes verdeckt. Den ersten vollständigen Beweis des Satzes I für beliebige Koeffizientenbereiche und mit Berücksichtigung der Torsionsgruppen gaben P. S. Alexandroff und H. Hopf [2] (1935) Kap. XI. Der Beweis wirkt heute ein wenig unbeholfen; ein wesentliches Hilfsmittel, die Kohomologietheorie, war noch nicht entwickelt, und so mußten sie ad hoc immer wieder Teile dieser Theorie herausarbeiten, ohne über das Ganze verfügen zu können. Statt dessen griffen sie auf die duale Gruppenpaarung zurück, wie sie Pontrjagin [7] 1931 entwickelt hatte. In der Tat sind Homologie- und Kohomologiegruppen eines Komplexes dual gepaart.

Etwa von 1925 an hat sich die Kohomologietheorie herausgebildet, bis ihr Whitney [9] 1938 die heute gebräuchliche Gestalt gab. Sehr bald wurde die Möglichkeit erkannt, den Beweis des Alexanderschen Satzes damit in einfacher und übersichtlicher Weise zu führen, zuerst wohl von S. Lefschetz [5] (1942) Kap. III § 7 S. 124. Aber er bringt nur Satz II, und darin folgen ihm alle neueren Veröffentlichungen. Wie in Kap. 2 gezeigt wurde, ist der Beweis einfach und mit den Mitteln zu führen, die in den Kursvorlesungen gebracht werden (Δ^*-Operator, Randbildung, exakte Sequenzen, Isomorphismen). Dagegen ist der Begriff der „Verschlingung" in den Lehrbüchern gar nicht mehr zu finden.

Wir wollen nun die Fassungen I und II und ihre Beweise unter folgenden Gesichtspunkten betrachten und miteinander vergleichen.

6.1. Anschaulichkeit

Unser Satz ist im einfachsten Fall der JORDANsche Kurvensatz und besagt, daß jede geschlossene, sich selbst nicht kreuzende Kurve die Ebene in zwei Gebiete teilt. Man ist wohl einen Augenblick versucht, diesen Satz für anschaulich evident zu halten. Aber bei so allgemeinen Sätzen wird man bei der Forderung nach Anschaulichkeit auf der Hut sein müssen. So ist z. B. der Begriff der geschlossenen Kurve viel zu allgemein, um noch anschaulich sein zu können. Soll der Satz überhaupt uneingeschränkt gelten, muß man sich begrifflich genauer festlegen, was unter einer Kurve zu verstehen ist. Es empfiehlt sich, die geschlossene Kurve als das eineindeutige und beiderseits stetige Bild eines Kreises zu definieren; diesen Begriff kann man kaum noch anschaulich nennen. Gewiß sind einfachere Spezialfälle noch vorstellbar, aber man kann nicht behaupten, daß sie repräsentativ sind. Auf diese Weise sind in der Vergangenheit häufig Fehler gemacht worden, und so ist die Forderung nach Anschaulichkeit bei vielen Topologen in Verruf geraten. Aber wir dürfen dieser naiven Art von Anschaulichkeit eine exakte gegenüberstellen. Der Begriff der Verschlingung ist ein exakt definierbarer anschaulicher Begriff, der ALEXANDERsche Satz in Fassung I ein streng beweisbarer anschaulicher Satz, und die Anschaulichkeit ist für die Schönheit des Satzes wesentlich und hat Erkenntniswert.

Allerdings muß der Sinn des Wortes Anschaulichkeit weiter gefaßt werden. Schon ALEXANDER, schon POINCARÉ haben mit Figuren in Räumen höherer Dimension gearbeitet, und zwar anschaulich gearbeitet. Die Anschauungen in höheren Dimensionen ist uns freilich nicht von selbst gegeben, sondern muß erworben und geübt werden.

ALEXANDER fragte bei einem simplizialen Komplex danach, ob ein bestimmtes Simplex beteiligt ist oder nicht. Das ist ja auch für die Anschauung das allein Relevante. Später faßte man die Simplizes als Bausteine von Gruppen auf. Dabei mußte man ihnen Koeffizienten geben, erst ganzzahlige, dann solche aus einem beliebigen Koeffizientenring. Also wieder ein Verzicht auf Anschaulichkeit, der allerdings der inneren Logik des Gegenstandes entsprach. Der Übergang zu höheren Dimensionen und zu Gruppen machte sich bezahlt. Der Satz bekam immer mehr Fülle und zeigt erst jetzt seine reich gegliederte Struktur.

Die schwerwiegendste Einbuße an Anschaulichkeit brachte die Kohomologietheorie. Eine Kette ist anschaulich, eine Kokette nicht. Das heißt, daß wir den Satz auch in der I. Fassung nicht anschaulich führen können und daß der Schritt über die Kohomologiegruppe $H^q(S/O)$ rein begrifflich getan werden muß. Das heißt aber bei weitem nicht, daß die Aussage des Satzes I auf ihren anschaulichen Inhalt verzichten müßte. Aber genau das hat man getan. Ich kann das nur so deuten, daß für das Stilgefühl der Mathematiker die Anschaulichkeit vor etwa 1940 einen Wert hatte, nach 1940 nicht mehr.

6.2. *Allgemeinheit*

Bei einer Verallgemeinerung eines Satzes läßt man einige Voraussetzungen fallen und nimmt damit u. U. eine Verkürzung der Aussage in Kauf. Dadurch kann gleichwohl eine Bereicherung eintreten, indem dann mehr Spezialfälle und daher differenziertere Aussagen ins Blickfeld rücken. Es kann aber auch sein, daß man unter weniger Voraussetzungen eben auch nur weniger aussagen kann.

Die Verallgemeinerung auf höhere Dimensionen und auf beliebige Koeffizientenringe hat den Satz bereichert. Schwerer wiegt, wenn man die Voraussetzung fallen läßt, $H_q(A)$ habe eine endliche Basis. Dann muß man in der Tat auf die Fassung I verzichten, während die Fassung II noch gilt. Ob sich dann weitere Ausblicke bieten und neue interessante Spezialfälle sichtbar werden, ist mir nicht bekannt. Aber auch wenn ein abgeschwächter Satz unter allgemeineren Voraussetzungen von Interesse ist, sollte man doch nicht den reicheren Satz unter einschränkenden Voraussetzungen für wertlos halten.

6.3. *Der Formalismus*

Bei den meisten algebraischen Strukturen, wie Gruppen, Ringen, Kategorien usw., ist der Begriff des Homomorphismus von entscheidender Bedeutung. Der Siegeszug dieses Begriffes bringt es mit sich, daß man nur noch homomorphe Abbildungen interessant findet. Nun ist der Operator $\varkappa$ kein Homomorphismus. Trotzdem er interessante Eigenschaften genug hat, findet er offenbar keine Beachtung, und die Aussage wird soweit verkürzt, daß sie sich als Homomorphismus, in diesem Fall sogar als Isomorphismus, aussprechen läßt.

6.4. *Invarianz*

Es hat sich als guter Geschmack durchgesetzt, bei Strukturen nicht von den einzelnen Elementen zu sprechen und die Strukturen schon gar nicht auf Basiselemente zu beziehen. So strebt man in der Geometrie eine koordinatenfreie Darstellung an. Man erhält die Ergebnisse in invarianter Gestalt, während man bei Zugrundelegen einer Basis stets angeben muß, wie sich die Ergebnisse bei einem Wechsel der Basis umrechnen.

In der I. Fassung des Alexanderschen Satzes nehmen wir ausdrücklich Bezug auf eine Basis und können dies auf keine Weise vermeiden. Wir hatten jedem Basiselement von $H_q(A)$ ein damit verschlungenes Basiselement von $H_{n-q-1}(\tilde{O})$ zugeordnet. Welches Basiselement von $H_{n-q-1}(\tilde{O})$ dabei einem bestimmten Element $c \in H_q(A)$ zugeordnet wird, hängt wesentlich von der Basis ab, in die c eingebettet ist. Elemente, die nicht als Basiselemente in Frage kommen, werden dabei nicht bedacht. Die Fassung II hingegen spricht nur von der Gruppe als solcher.

6.5. Folgerungen

Die wichtigste Folgerung aus dem Alexanderschen Satz ist: Die Homologiegruppe von O ist durch die von A vollständig bestimmt. Fragt man also nach verschiedenen Einbettungen eines Komplexes A in die Sphäre, so liefert die Homologietheorie grundsätzlich keine Methode der Unterscheidung. Diese Folgerung ergibt sich aus der zweiten Fassung ebenso wie aus der ersten.

6.6. Ontologie mathematischer Sätze

Man kann die Frage stellen, wie der Satz „eigentlich" lautet. Mancher Mathematiker (darunter auch ich) hat, wenn er einen neuen Satz bewiesen hat, das Gefühl, einen schon vorher seienden Satz entdeckt zu haben, wie der Seefahrer eine Insel, ihn also nicht erfunden zu haben wie eine Maschine oder ein Gedicht. Für einen solchen Mathematiker hat ein Satz ein „Sein" wie die Ideen Platons; was danach in Zeitschriften und Büchern veröffentlich wird, ist dann ein Schatten dieser Idee. In diesem Sinne können wir fragen, was der Alexandersche Satz „eigentlich" ist. Der Entdecker, Alexander, hatte den eigentlichen Satz offensichtlich noch nicht. In der Darstellung von Alexandroff und Hopf in der Fassung I tritt er schon deutlicher in Erscheinung. Haben sich nun die neueren Fassungen wieder weiter davon entfernt? Oder hat sich die Idee in den letzten fünfzig Jahren gewandelt, so daß man heute mit demselben Recht sagt, die Fassung II sei der eigentliche Satz, wie die Älteren dies von der Fassung I sagten? Platon würde einer Wandelbarkeit der Ideen in der Zeit kaum zustimmen, obwohl es so sein könnte.

Der Satz und sein Beweis lassen sich nicht in einen vollkommen harmonischen Kosmos einbauen. Der Δ-Operator arbeitet in einem nicht-augmentierten Komplex und läßt sich für die leere Kokette s^{-1} nicht definieren. Andererseits kann man den Satz in den Fassungen I und II nur für augmentierte Komplexe in einer Form aussprechen, die für alle Dimensionen $0 \leqq q \leqq n - 1$ dieselbe ist. Beim Beweis haben wir denn auch dem Fall $q = 0$ einige besondere Überlegungen widmen müssen. Wir hören hier eine Disharmonie, die wir nicht auflösen können, und vermutlich hätte Platon bei diesem Satz ein wenig die Stirn gerunzelt wie Pythagoras, als er die Existenz von irrationalen Zahlen zur Kenntnis nehmen mußte.

Bei diesen Fragen kann man wohl Meinungen haben und austauschen, aber man kann sie nicht entscheiden. Die Beantwortung dieser Fragen hängt von der kulturellen Tradition ab, in der wir stehen, auch von unserer persönlichen Haltung. Es geht dabei um Werte und Wertmaßstäbe, und dies in einer Wissenschaft, die sich als wertfrei versteht. Ein Mathematiker formulierte einmal: „Nicht alles mathematisch Richtige ist deshalb schon richtige Mathematik." Um diese Frage geht es: „Was ist richtige Mathematik?"

Literatur

[1] I. W. Alexander: A proof and extension of the Jordan-Brouwer separation-theorem. Trans Amer. Math. Soc. **23** (1922) S. 333.
[2] P. S. Alexandroff und H. Hopf: Topologie. Berlin 1935, Kap. XI.
[3] S. S. Cairns: Introductory Topology. New York 1961, Art 7—11, S. 180.
[4] O.-H. Keller: Zur unmittelbaren Anschaubarkeit 4 dimensionaler Gegenstände. Math. Nachr. **8** (1952) S. 181/183.
[5] S. Lefschetz: Algebraic Topology. New York 1942, III 7 S. 124.
[6] S. Lefschetz: Introduction to Topology. Princeton 1949, Ch VI S. 202.
[7] L. Pontrjagin: Über den algebraischen Inhalt topologischer Dualitätssätze. Math. Ann. **105** (1931) S. 165.
[8] W. Rinow: Lehrbuch der Topologie. Berlin 1975, Kap. XV § 59, S. 684ff.
[9] H. Whitney: On products in a complex. Ann. Math. **39** (1938).

Heft 6 Prof. Dr.-Ing. Dr. h. c. KURT SCHWABE, Konzentrierte Elektrolytlösungen – Thermodynamische und kinetische Eigenschaften 1972. 49 Seiten – 27 Abbildungen – 2 Tabellen – 8° – M 7,50

Heft 7 Prof. Dr. WOLFGANG TUTSCHKE, Konstruktion von globalen Lösungen mit vorgeschriebenen Singularitäten bei partiellen komplexen Differentialgleichungssystemen 1972. 24 Seiten – 8° – M 4,50

Band 110

Heft 1 Prof. Dr. Dr. h. c. PAUL GÖRLICH, Über die Laser und ihre Anwendung 1972. 24 Seiten – 8° – M 2,30

Heft 2 Prof. Dr. HASSO ESSBACH, Zum Problem der Tumoren im Kindesalter 1972. 24 Seiten – 11 Abbildungen auf 10 Kunstdrucktafeln – 8° – M 6,–

Heft 3 Prof. Dr. med. WALTER BREDNOW, Zur Anthropologie des Schwindels 1973. 17 Seiten – 2 Abbildungen auf 2 Kunstdrucktafeln – 8° – M 2,50

Heft 4 Prof. Dr. Dr. h. c. PAUL GÖRLICH, Betrachtungen über den Wissenschaftlichen Gerätebau 1972. 39 Seiten – 8° – M 3,–

Heft 5 Prof. Dr. ERICH RAMMLER, Einige Betrachtungen über Erdgas 1974. 43 Seiten – 8 Abbildungen – 3 Tabellen – 8° – M 4,50

Heft 6 Prof. Dr. GUSTAV E. R. SCHULZE, Zur Rolle des Einfachheitsprinzips im physikalischen Weltbild 1974. 23 Seiten – 4 Abbildungen – 8° – M 2,50

Heft 7 Prof. Dr. med. ROLF EMMRICH, Zwischen Leben und Tod. Ärztliche Probleme der Thanatologie 1974. 22 Seiten – 2 Abbildungen – 4 Tabellen – 8° – M 3,50

Band 111

Heft 1 Prof. Dr. WILHELM MAIER, Vom Erbe Bernhard Riemanns 1975. 16 Seiten – 8° – M 2,50

Heft 2 Prof. Dr. med. HANS DRISCHEL, Organismus und geophysikalische Umwelt 1975. 50 Seiten – 25 Abbildungen – 1 Tabelle – 8° – M 7,–

Heft 3 Prof. Dr. MARIA HASSE, Zum Begriff des allgemeinen Produkts von Kategorien 1975. 32 Seiten – 8° – M 5,–

Heft 4 Prof. Dr.-Ing. Dr. h. c. KURT SCHWABE, Analytische Probleme des Umweltschutzes 1975. 28 Seiten – 9 Abbildungen – 2 Tabellen – 8° – M 3,50

Heft 5 Prof. Dr. WOLFGANG BUCHHEIM, Die kopernikanische Wende und die Gravitation 1975. 36 Seiten – 2 Farbtafeln – 8° – M 5,–

Heft 6 Prof. Dr. HERMANN BERG, Photopolarographie und Photodynamic 1975. 19 Seiten – 2 Abbildungen – 2 Tabellen – 8° – M 3,–

Heft 7 Prof. Dr. MANFRED GERSCH, Probleme der Insektizide aus heutiger Sicht 1976. 36 Seiten – 9 Abbildungen – 2 Tabellen – 8° – M 4,–

Band 112

Heft 1 Prof. Dr. WALTER BREDNOW, Spiegel, Doppelspiegel und Spiegelungen – eine „wunderliche Symbolik" Goethes 1975. 28 Seiten – 4 Abbildungen – 8° – M 3,–

Heft 2 Prof. Dr. ARTUR LÖSCHE, Über negative absolute Temperaturen. Eine Einführung 1976. 26 Seiten – 12 Abbildungen – 8° – M 4,–

Heft 3 Prof. Dr. med. HERBERT JORDAN, Kurorttherapie: Prinzip und Probleme 1976. 31 Seiten – 10 Abbildungen – 1 Tabelle – 8° – M 4,50

Heft 4 Prof. Dr. FRIEDRICH WOLF / Dr. PETER FRÖHLICH, Zur Druckabhängigkeit von Ionenaustauschreaktionen 1977. 13 Seiten – 6 Abbildungen – 1 Tabelle – 8° – M 2,–

Heft 5 Prof. Dr. DIETRICH UHLMANN, Möglichkeiten und Grenzen einer Regenerierung geschädigter Ökosysteme 1977. 50 Seiten – 20 Abbildungen – 2 Tabellen – 8° – M 6,50

Heft 6 Prof. Dr. ERICH RAMMLER, Zwei Jahrzehnte Entwicklung des Einsatzes der Energieträger Kohle und Erdöl im Weltmaßstab 1977. 29 Seiten – 6 Abbildungen – 4 Tabellen – 8° – M 4,–

Heft 7 Prof. Dr. ULRICH FREIMUTH, Umweltprobleme in der Ernährung 1977. 32 Seiten – 3 Abbildungen – 4 Tabellen – 8° – M 4,–

Band 113

Heft 1 Prof. Dr. ERICH LANGE, Allgemeingültige Veranschaulichung des II. Hauptsatzes 1978. 22 Seiten – 10 grafische Darstellungen – 8° – M 4,–

Heft 2 Prof. Dr. HERBERT BECKERT, Bemerkungen zur Theorie der Stabilität 1977. 19 Seiten – 8° – M 2,50

AKADEMIE-VERLAG

DDR-108 Berlin, Leipziger Straße 3–4

Kolibri 360 GmbH
Ferdinand-Jühlke-Straße 7
99095 Erfurt, Deutschland
produktsicherheit@kolibri360.de